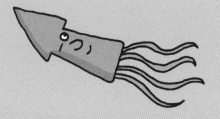

水先生，做得好！

認識 水的功用

〔意〕Agostino Traini 著 / 繪

張琳 譯

新雅文化事業有限公司
www.sunya.com.hk

什麼是露水？

露水是稀薄的小水滴，出現於早晨或夜晚。由於早晚的氣溫較低，當物體的表面溫度低於「露點」（空氣飽和並產生露水的溫度）時，空氣中的水蒸氣便會變成液態，凝聚在物體，如樹葉、草，甚至欄杆等表面，形成露水。

大家都知道，水先生是水做的。水是流動的，它經常改變形態，因此水先生既可以是一滴弱小的露水，也可以成為一個巨大而有力的海浪。

早晨或夜裏潮濕的時候，我就會變成露水！

真好喝！

所有這些變化都賜予水先生無窮的能力，為了好好利用這些能力，水先生一直都非常勤奮！

當這個世界還很年輕的時候，水先生的功能僅限於為人類、動物和植物解渴。

咕嚕咕嚕！

多麼平靜的生活。

好渴啊！

什麼是長毛象？

長毛象，又稱猛獁象，是古代的哺乳動物，約於公元前2000年滅絕。長毛象的大小近似現代的象，全身覆蓋着棕色的長毛，有一對長長的牙齒向上彎曲，模樣就像本頁圖中那隻象。牠們夏季的主要食糧是草類和豆類食物，冬季則吃灌木和樹皮為生，喜愛羣居生活。

水先生沒什麼別的事情要做，也沒有人對他提出太多要求，他們最多只是想要游個泳或者洗個澡⋯⋯

有時候，水先生會幫助人和動物從河的一邊橫渡到另一邊。

嘿，你看不到我！

今天的水有點涼呢！

真聰明啊！

旅途愉快！

思考點

你除了喝水，用水洗澡和在水中游泳外，還會用水來做什麼？說說看。

世上第一艘蒸汽船是誰發明的？

是由美國著名工程師羅伯特·富爾頓發明的。他製造的第一艘以蒸汽機作動力的輪船，長21.35米，1803年在法國的塞納河試航成功，但當晚便被暴風雨所毀。

可是，後來人類不再滿足於在水裏游泳了，航海工具也從小帆船進化到大郵輪。

這些大大小小的船，都要依靠水先生才能浮在水面上！

別擔心，我們來了

加油，用力！

在一般情況下，水先生都能很好地支撐船隻。但是當船隻出現破洞時，水先生就會被吸入船隻的肚子中，令船下沉，釀成災難。

思考點

如果我們乘坐的船快要沉沒了，應該怎樣做？

答案：首先要穿上救生衣，聽從船長的指揮，按照指示登上救生艇。如果沒有救生艇，要穿着救生衣跳海，盡量遠離下沉的船隻，以免身體被捲入下沉過程中所產生的巨大水流旋渦中。

誰是達文西？

達文西生於1452年，是意大利文藝復興時期的一位天才學者。他是個出色的畫家和發明家，精通繪畫、音樂、建築、解剖、雕刻、工程、發明、幾何等。他的著名畫作包括《蒙娜麗莎》和《最後的晚餐》。此外，水力磨坊正是由他發明的。

世界上總有一些富有創造力的人，他們懂得發明一些新事物，水先生就遇到過不少這樣的發明家。因為他們，水先生開始被用作轉動槳葉和磨坊裏的石磨，幫助碾碎小麥，變成用來做麪包和麪條的麪粉。

11

這是晴朗的一天，水先生在河裏發現了一堵障礙物。
「這次你們又發明了什麼？」他問道。

「這是堤壩！如果你從裏面經過的話，我們就可以充分利用你的能量！」

水先生快速地滑入堤壩中，讓渦輪轉動起來，然後開始發電。有了電，人們就能開燈，家家戶戶便都被照亮了。

人們怎樣利用水來發電？

當河流或水庫裏的水，由高處流動到低處，水的流動便能推動渦輪旋轉，從而帶動渦輪連接着的發電機產生電力。這稱為「水力發電」，是目前人類應用最廣泛的可再生能源。

太棒了！

好神奇啊！

好像在遊樂場玩一樣！

有一天，人類竟然請水先生在推動船隻前行的時候爬樓梯。

「這怎麼可能！」水先生驚訝地說。但是他錯了。

今天很忙碌啊！

我們來試試吧！

跑得好快啊！

水閘是一種建在河裏的巨大的門，它可以打開，也可以合上，能讓水流通過，也能擋住水流。

運用這種裝置，水先生就能在樓梯上爬上爬下……他玩得可開心了！

什麼是蒸汽火車？

蒸汽火車是以蒸汽機作為動力來源的鐵路機車，最早的鐵路都用蒸汽火車運載乘客。火車車頭設有蒸汽鍋爐，通過不斷燒煤把水煮沸，產生蒸汽來推動行駛。不過，它們現在已被電氣化火車取代，只剩少數地方仍設有蒸汽火車，作觀光或歷史保存用途。

你一定認為水不能代替汽油。不過，不說不知，原來世上最早的引擎是由水來推動的。

太熱了，我要出去。

我好害怕！

火使水先生轉變成蒸汽，他就變得力大無窮，足以推動齒輪，使巨大的火車和輪船都動起來！

我來幫你吧！

思考點

除了煤可作為燃料外，還有什麼是人們常用的燃料？

答案：
常用的燃料有石油、天然氣、汽油、煤油、柴油等，木材、樹枝乾草也可作燃料之用。

人們經常會使用火，做很多不同的事情。但當火生氣的時候，就會變得非常危險！

「快去叫水先生吧！」消防員高喊道。

菜燒起來了！

哎呀！

快快逃到海裏去！

水先生總是在消防員身邊，和他們一起撲滅火災。

這是一個耗費時間又很辛苦的工作，但是可以拯救人類，保護他們的生命和財產。

趕快熄滅吧！

小朋友，圖中的滅火輪很細小，設備簡單。請你設計一艘滅火輪，在白紙上畫出來吧。

19

除了圖中的事情，水還能為我們做什麼清潔工作呢？說說看。

到了今天，人們希望水先生時刻都在他們身邊。每當他們打開水龍頭，水先生便立即來到。而且根據他們的需求，水先生還會變熱和變冷。

在人們的家裏，水先生總有做不完的事。他來的時候是乾淨和透明的，可是當他走的時候，總是渾身髒兮兮的。

轉得我頭暈啦！

不要煮得太爛啊！

乾淨衛生最重要！

我渾身都變髒了！

為什麼我們要把水煮沸，才能飲用？

因為生水中可能存在細菌和懸浮物，若我們直接飲用會有損健康。把水煮沸能有助殺滅細菌和使懸浮物沉澱，較適宜飲用。

為什麼動物的尿液經過土壤，會淨化成乾淨的地下水呢？

因為土壤中的植物和微生物能吸附、截留和分解尿液中的有害污染物，產生過濾的效果，使之變得乾淨，流到地底後便成為地下水。

事實上，水先生在洗東西的時候，總會帶走骯髒。

「當大家把我喝下去後，我便可以清掃你們體內的垃圾，隨後變成尿液排出體外。」水先生說。

「然後，我到土地裏轉一圈，就變得和原來一樣乾淨了。」

可是有時候，人類卻會用一些無法消除的有害物質來污染水先生，這是非常不好的！

水先生為此感到傷心極了。當看到水先生被污染，世界萬物也都傷心極了。

這是不對的！
你們這些大壞蛋！

思考點

想一想，如果水受到污染，會為我們帶來什麼影響？說說看。

答案：
如果在日常生活之中的水受到有害物質的污染，植物就無法喝到乾淨的水，會枯萎甚至死亡。另外，我們喝了受到污染的水或是有毒的動植物，身體也會產生嚴重的病變。

23

水先生每天都默默地為我們辛勤工作，他對我們只有一個要求：「請你們好好珍惜我，不要浪費！」

100%
可飲用

乾淨的水先生
可愛多了！

科學小實驗

現在就來和水先生一起玩吧！

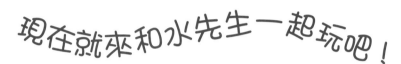

你會學到許多新奇、有趣的東西，
它們就發生在你的身邊。

在河裏穿梭

你需要：

 一個塑膠瓶

 水

 膠紙

 橡皮筋

 兩根木棍

一塊薄木片或塑膠片

難度：

做法：

 用膠紙將兩根木棍固定在塑膠瓶的兩側。

26

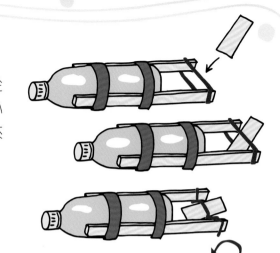

2 把橡皮筋套在兩根木棍上,讓小木片從橡皮筋中間穿過。這塊小木片將成為小船的推進器!在橡皮筋之間旋轉木片來為推進器上發條:要轉很多圈啊!

3 把小船放在水裏,放開推進器。

4 你可以在船艙內放一點水,這樣小船會開得更平穩呢!

你還可以用各種貼紙和顏色紙
來裝飾你的小船!

神奇的豆子！

你需要：

 蠶豆

 一把匙子

 棉花

 水

 一個杯子

難度：

做法：

① 先在杯子裏鋪上一層棉花，然後放上一顆蠶豆。

② 再用一層棉花覆蓋在蠶豆上。

 3 往棉花澆上一匙子的水，然後將杯子放在一個溫度較高的地方，但不要靠近發熱源。

4 現在你要耐心地等待。每天你都要觀察一下你的蠶豆，如果棉花變乾了，就澆幾滴水，使它保持濕潤。

 5 最後……你會看見一顆小小的綠色嫩芽從棉花裏冒出來！

當豆芽長得結實後，就可以把它移到陽台上的漂亮花盆裏去了。記得要把根部上的棉花去掉，注意別傷到根鬚啊！

好奇水先生

水先生，做得好！

作者：〔意〕Agostino Traini

繪圖：〔意〕Agostino Traini

譯者：張琳

責任編輯：劉慧燕

美術設計：何宙樺

出版：新雅文化事業有限公司

香港英皇道499號北角工業大廈18樓

電話：（852）2138 7998

傳真：（852）2597 4003

網址：http://www.sunya.com.hk

電郵：marketing@sunya.com.hk

發行：香港聯合書刊物流有限公司

香港新界大埔汀麗路36號中華商務印刷大廈3字樓

電話：（852）2150 2100

傳真：（852）2407 3062

電郵：info@suplogistics.com.hk

印刷：中華商務彩色印刷有限公司

香港新界大埔汀麗路36號

版次：二〇一六年九月初版

二〇二〇年九月第三次印刷

版權所有·不准翻印

ISBN: 978-962-08-6634-0
© 2014 Edizioni Piemme S.p.A., Palazzo Mondadori - Via Mondadori, 1 - 20090 Segrate
International Rights © Atlantyca S.p.A. - via Leopardi 8, 20123 Milano, Italia - foreignrights@atlantyca.it - www.atlantyca.com
Original Title: Buon Lavoro, Signor Acqua!
Translation by Zhang Lin.
© 2016 for this work in Traditional Chinese language, Sun Ya Publications (HK) Ltd.
18/F, North Point Industrial Building, 499 King's Road, Hong Kong
Published in Hong Kong
Printed in China

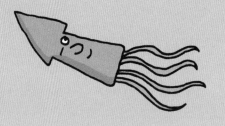